COMBINATION
콤비네이션 커트
CUT

구민사

저자약력

주하나

- 메이크업 · 특수분장전공
- 미술학석사
- 이학박사
- 컬러리스트
- 직업능력개발훈련교사
- 호원대학교 겸임교수

민하경

- 미용장
- 직업능력개발훈련교사
- 평생교육사 · 사회복지사
- 소상공인 컨설턴트
- 미림프로헤어대표
- 강남대 출강

콤비네이션 커트

2021년 8월 2일 초판 인쇄
2021년 8월 10일 초판 발행

저 자 | 주하나 · 민하경
발 행 인 | 조규백
발 행 처 | 도서출판 구민사
(07293) 서울특별시 영등포구 문래북로 116, 604호(문래동3가 46, 트리플렉스)
전 화 | (02) 701-7421(~2)
팩 스 | (02) 3273-9642
홈페이지 | www.kuhminsa.co.kr
신고번호 | 제 2012-000055호 (1980년 2월4일)
I S B N | 979-11-5813-925-4 (93590)

정 가 | 22,000원

머리말

우리 인간의 생활과 밀접한 관련이 있는 분야가 바로 미용이며, 미용의 많은 분야 중 특히 머리연출과 관련된 헤어미용분야는 유아기부터 노년기까지 인간의 일생과 함께 하는 분야입니다.

이러한 헤어미용분야는 우리 미용인 모두가 자부심을 가지고 끊임없이 연구하고 정진해야만 고전 트렌드를 바탕으로 한 최신 트렌드의 습득과 자유로운 실무활용이 가능할 것입니 다.

본 책에서는 NCS국가직무표준 4단계에 해당되는 콤비네이션 헤어커트를 중심으로 여러 가지 응용 기법을 혼합하여 헤어스타일을 디자인하고 커트할 수 있는 내용을 담았습니다. 기본적인 커트 기법인 원랭스, 그래쥬에이션, 레이어 기법을 다양하게 응용하여 커트할 수 있습니다.

끝으로 이 책의 출판을 위해 애써주신 도서출판 구민사의 조규백 대표님, 나영균 전무님과 직원분들께 머리 숙여 깊은 감사를 드립니다.

저자 일동

차례

1

PART

전대각 45° 직각분배 커트

이 스타일은 젊은 층에 잘 어울리며 모발 끝 1/3 정도를 세팅 펌이나 컬 연출로 세련된 이미지를 연출할 수 있다.

- 전대각 45도 직각분배 커트 전, 먼저 전체 기장을 원하는 길이로 정하고 길이 기준으로 전대각 파팅을 하여 45도 각도로 고정하고 디자인 의도대로 커트한다. 급격한 층을 원할 때는 센터 포인트에서 짧게 기준을 잡아 시술하면 앞 부분에 많은 층이 생긴다. 전대각 파팅으로 자르면 얻어지는 층은 후대각 층이다.
- 실제 시술할 때에는 고객의 두상이 곡면임을 알고 유의해야 한다. 전환 레이어링의 경우, 파팅의 간격이 다르거나 분배가 정확하지 않으면 원하는 디자인이 나오지 않는다.

1 센터포인트에서 13cm 정도의 기준을 잡는다.
2 전대각 45도 직각분배 나칭기법(Notching)으로 자른다.
3 반대편도 동일한 기법으로 자르거나 양쪽 번갈아 병행하며 자르면 효과적이다.
4 톱포인트 부분을 위로 올려서 튀어나온 부분을 정리해준다.
5 백(back)부분도 온 더 베이스(On the base)로 잡으면서 튀어나온 부분은 스퀘어 방법으로 정리한다.
6 전체적으로 떨어진 선을 보고 컨벡스라인(Convex line)으로 정리한다.

| 도해도 |

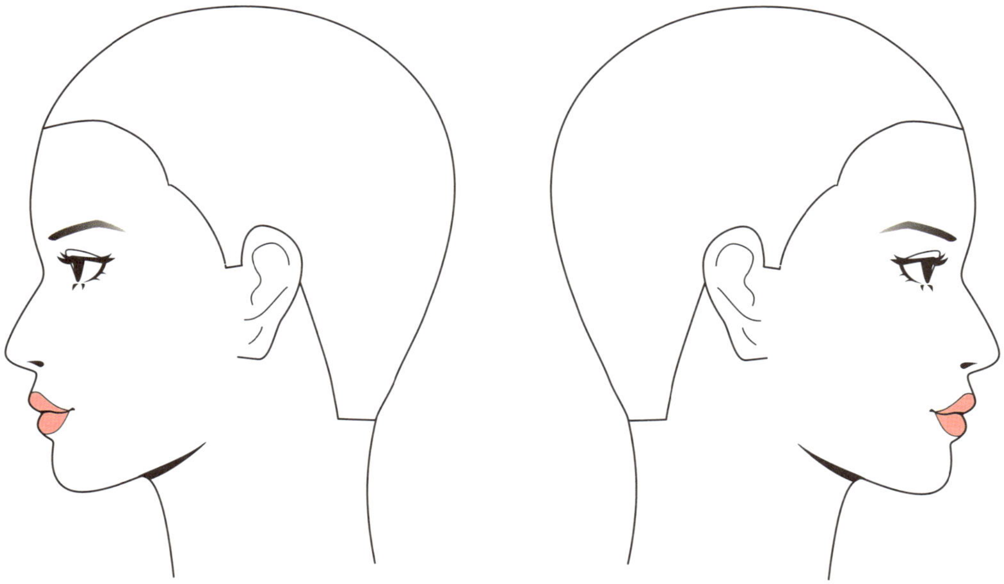

| 전대각 45도 직각분배 커트 |

| 정면사진 |

| 컬 연출 |

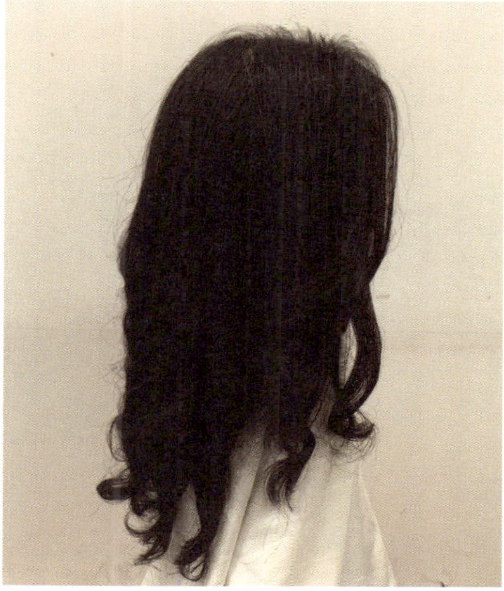

2

PART

솔리드+유니폼레이어 커트

- 솔리드와 유니폼레이어의 혼합형은 라운드 레이어라고 하며 먼저 솔리드의 기준을 잡는 것이 중요하다.
- 풍성함을 원할 때는 웨이브를 넣어주고, 심플함을 원할 때에는 텍스처 처리로 연출한다.
- 솔리드 부분과 크라운 부분을 레이어로 연결해줄 때 솔리드 부분을 다치지 않게 연결해야 원하는 이미지 연출이 가능하다.

| 도해도 |

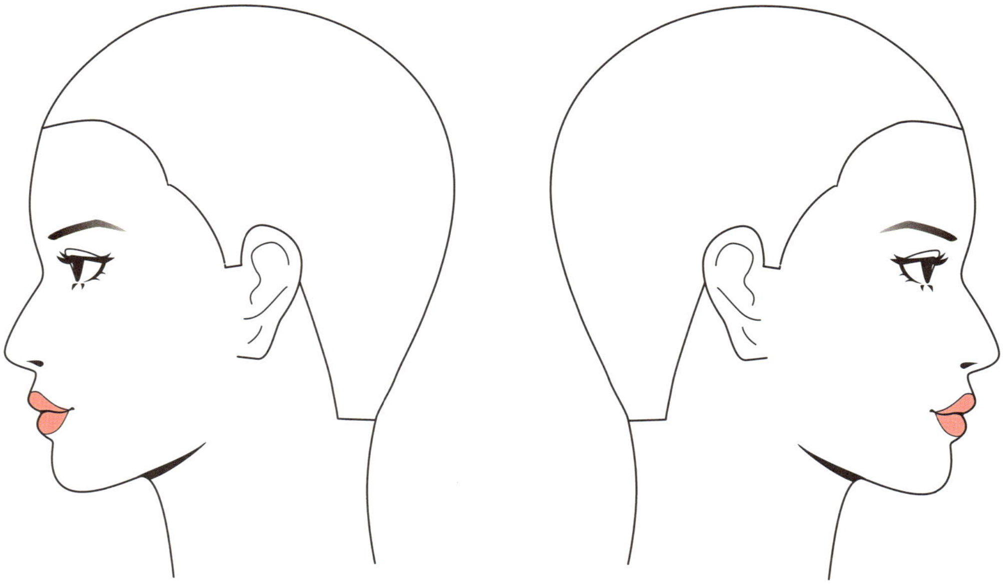

| 솔리드 + 유니폼레이어 커트 |

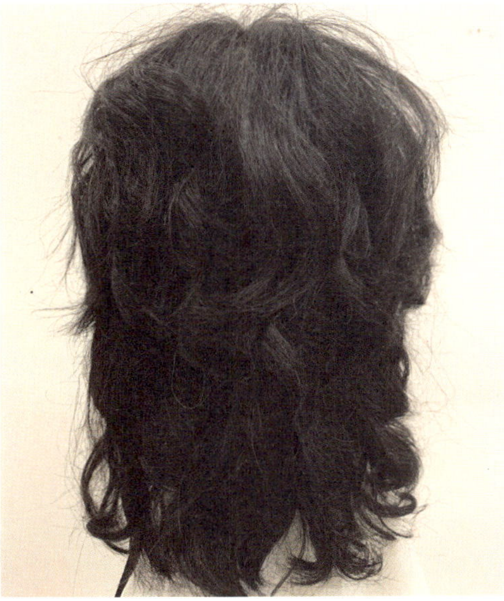

| 솔리드 + 유니폼레이어 커트 |

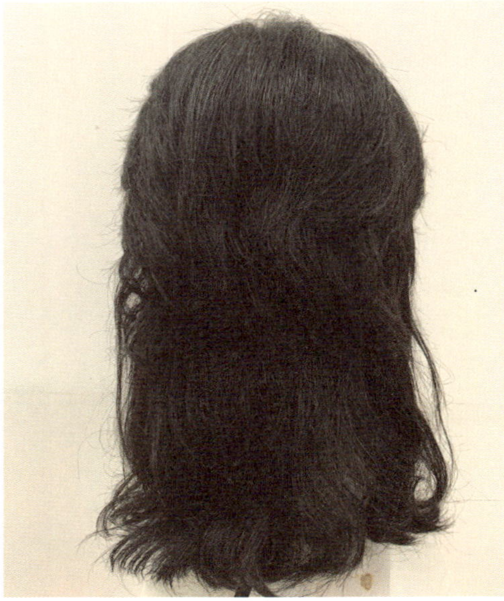

| 정면사진 |

3

PART

솔리드+그래쥬에이션 커트

- 솔리드와 그래쥬에이션의 혼합형으로 난이도가 낮을 것으로 예상되는 혼합이나 직접 시술해보면 상당히 까다롭다.
- 세심하게 시술하면 우아함을 연출할 수 있다.

| 도해도 |

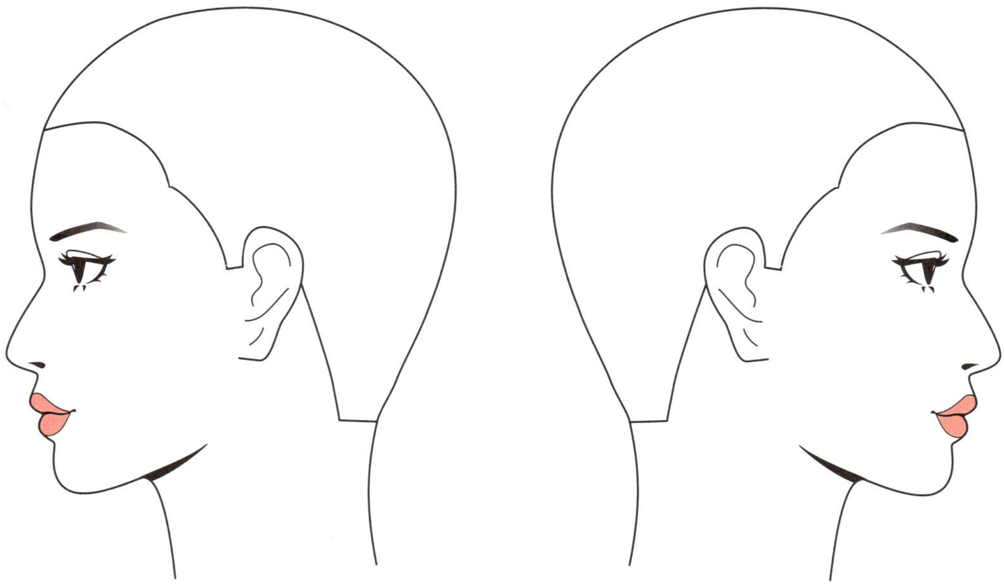

| 솔리드 + 그래쥬에이션 커트 |

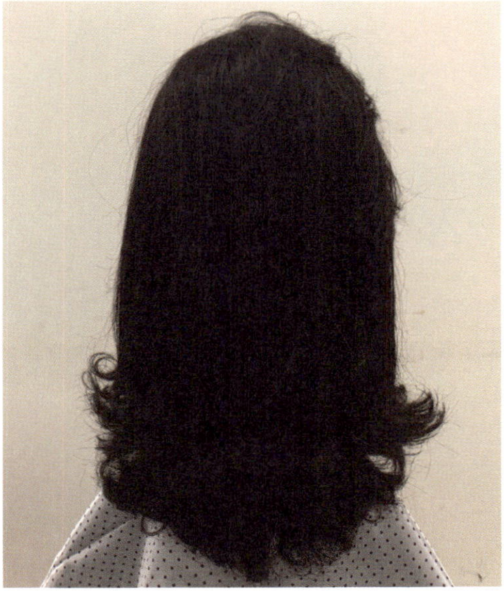

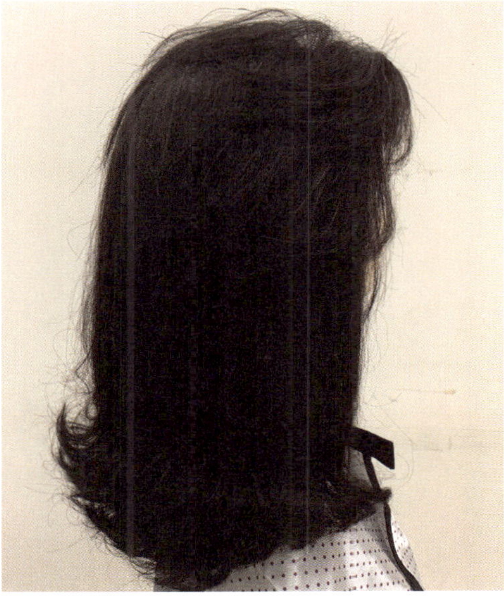

- 겉말음기법으로 질감처리를 하면 우아하면서도 활동적인 느낌을 연출할 수 있다.

BLOCKING - Convex 3등분 - 형태선을 명확히 한 다음 세분화하여 시술

1 N.P에서 18cm기준을 정하여 솔리드형 에칭기법으로 자른다.

2 F.S.P에서 14cm기준을 정하여 콘벡스형으로 자른다.

3 1번을 다시 30°의 각도 직각분배로 들어 튀어나온 부분을 자른다.

4 3번의 기준에 맞추어 45° 직각분배 이동 D.L(Design Line)으로 자른다.

5 4번의 기준에 맞추어 45° 직각분배 이동 D.L으로 자른다.

6 5번의 기준에 맞추어 60° 직각분배 이동 D.L으로 자른다.

7 6번의 기준에 맞추어 60° 직각분배 이동 D.L으로 자른다.

8 7번의 기준에 맞추어 60° 직각분배 이동 D.L으로 자른다. T.P에서 코너 정리를 해준다.

| 솔리드 + 그래쥬에이션 커트 |

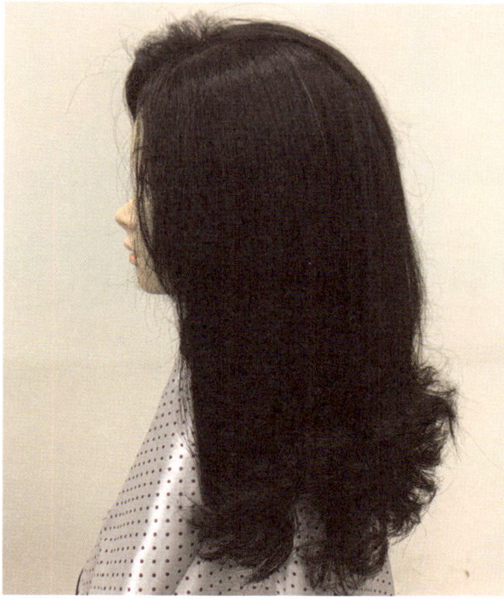

- 겉말음으로 질감처리를 할 때 머리카락 한 올마다 정성스럽게 연출해주어야 한다.
- 드라이를 하지 않고 말리기만 해도 겉말음의 느낌이 나도록 연출한다.

4

PART

솔리드+그래쥬에이션 +인크리스레이어 커트

- 솔리드와 그래쥬에이션, 인크리스 레이어의 혼합형 커트이다.
- Y레벨의 기준차이에 따라 여러 모양의 변화를 줄 수 있다.

| 도해도 |

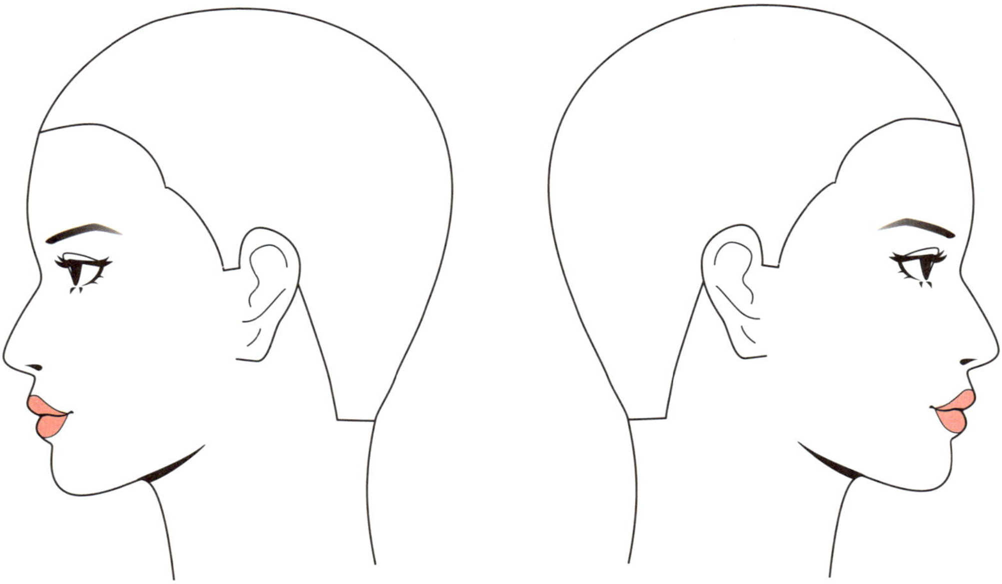

| 솔리드 + 그래쥬에이션 + 인크리스레이어 커트 |

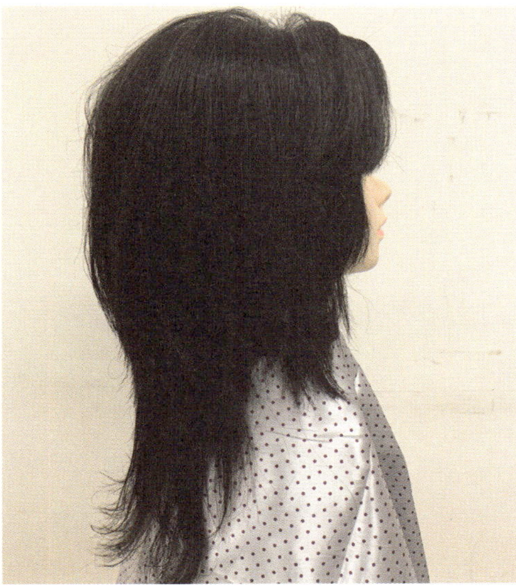

- Y레벨 부분이 전대각 유형으로 떨어진 것에 유의하고 B.P에서 길이 조정에 따라 전대각의 차이가 다를 수 있음에 유의한다.

BLOCKING - 먼저 X / Y / Z레벨로 나눠준 후 Z레벨부터 시술

Z레벨

1 N.P에서 18cm 기준을 정하여 솔리드형 수평라인(Hrizontal Line), 나칭기법으로 자른다.

2 C.P에서 전체 길이의 1/3 기준을 정하여 Back 부분과 연결시킨다.

Y레벨

3 B.P에서 15cm 기준으로 하여 인레이어(In Layer)로 자르고 On, On, Side, Side, Off, Side, Notching(나칭)기법으로 커트한다.

X레벨

4 X레벨 전체를 평면 커팅 나칭기법으로 자른다.

5 프린지(Fringe)는 C.P에서 12cm 기준을 정한 다음, Side와 자연스럽게 연결해준다.

6 1번과 3번을 슬라이싱으로 연결하되 Z레벨 전체를 한 가닥씩 슬라이싱하여 한 올 한 올 살아있는 느낌을 만들어 준다.

| 솔리드 + 그래쥬에이션 + 인크리스레이어 커트 |

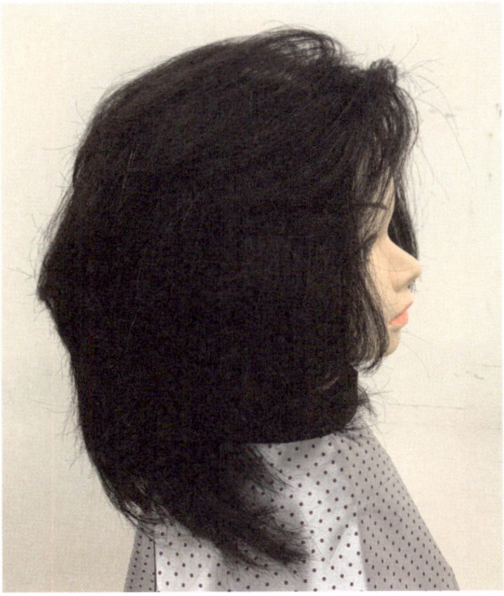

| 정면사진 |

MEMO

5
PART

비대칭 애쉬메트리(Asymmetry) +솔리드+인크리스레이어 커트

- 솔리드형으로 커트할 가이드를 정할 때 비대칭으로 커트해준다.
- 톱 부분에서 비대칭을 연출할 부분을 파악한 후 시술해야 효과적이다.

| 도해도 |

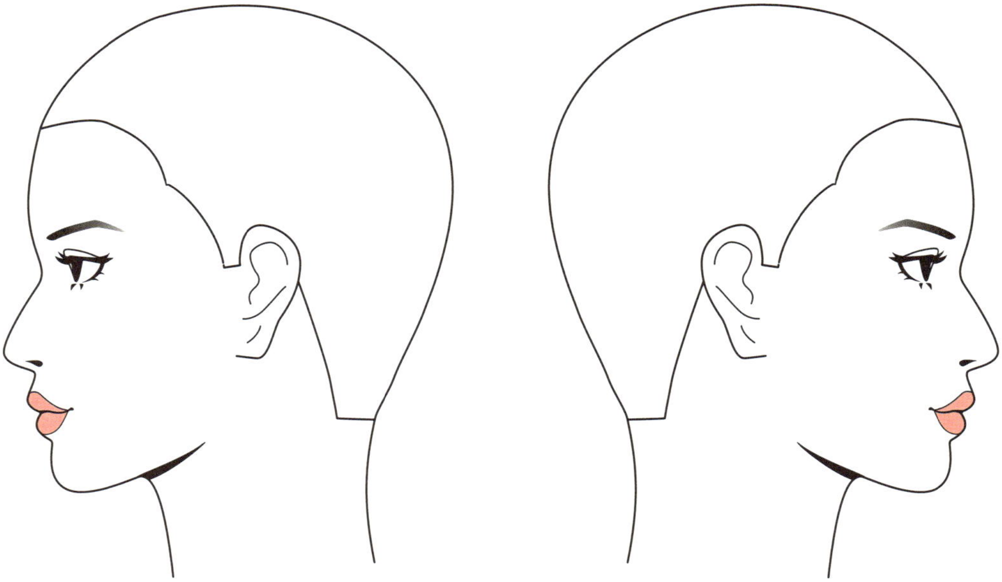

| 비대칭 애쉬메트리(Asymmetry) + 솔리드 + 인크리스레이어 커트 |

- 안말음기법을 사용하여 솔리드의 무게감을 살려주는 것이 중요하다.

BLOCKING - 톱의 블로킹에 연결된 부분에 주의

1 Back부분을 백센터 라인(Back center line)으로 나누어 왼쪽은 전대각, 오른쪽은 후대각 파팅하여 오른쪽 N.S.P는 15cm, 왼쪽 N.S.P는 18cm로 기준을 정하여, 비대칭 솔리드 나칭기법으로 자른다. 오른쪽 사이드까지 연결하여 커트한다.

2 피봇 포인트의 비대칭 부분을 피봇 포인트 파팅하여 독립파팅으로 트위스트 한 다음 에칭기법으로 솔리드 기장보다 3~4cm 정도 짧게 기준하여 긁어내리듯 커트한다.

3 톱(Top) 왼쪽은 T.P에서 기준을 정한 다음, 고정 D.L(Design Line)으로 자르되 왼쪽 사이드 부분까지 끌어올려 자른다.

4 프린지(Fringe)는 왼쪽 눈 위를 기준으로 하여 코선을 지나, 비대칭으로 라인을 정하여 솔리드로 먼저 자르고, 라인 윗 부분은 80°정도 들어서 나칭기법으로 자른다.

| 비대칭 애쉬메트리(Asymmetry) + 솔리드 + 인크리스레이어 커트 |

• 비대칭의 흐름에 중점을 두고 자연스러운 비대칭이 연출되도록 해야 한다. 베벨 언더나 언너 시닝을 사용하여 안말음의 느낌으로 질감처리를 하면 좋다.

| 정면사진 |

MEMO

6

PART

유니폼 레이어+인크리스 레이어 +스퀘어 커트의 혼합형

- 스퀘어 커트에 X레벨을 유니폼 레이어로 커트하였을 때 연출되는 자연스러움이다.
- 누구에게나 쉽게 접목하여 아름다움을 느끼게 할 수 있는 커트이다.

| 도해도 |

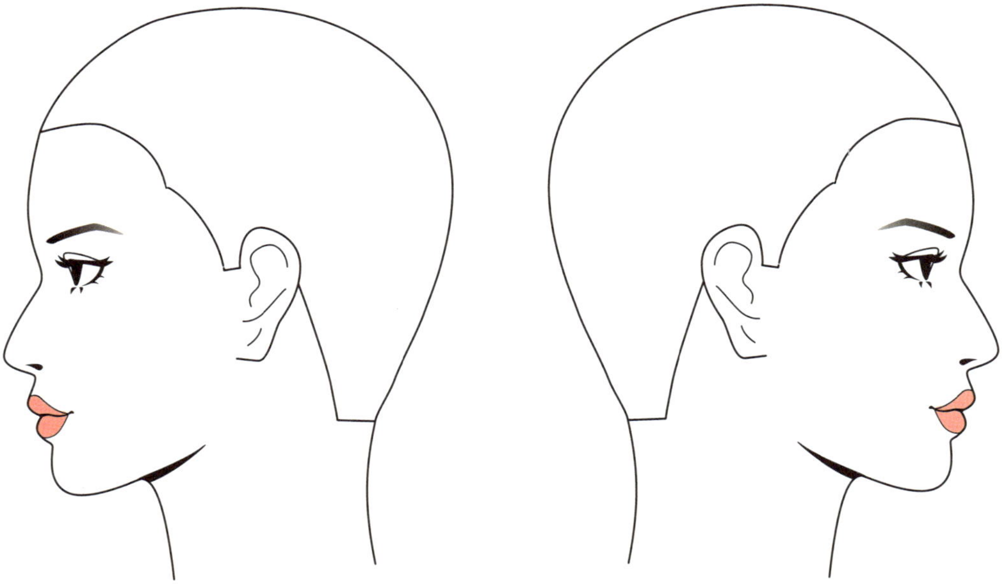

| 유니폼 레이어 + 인크리스 레이어 + 스퀘어 커트의 혼합형 |

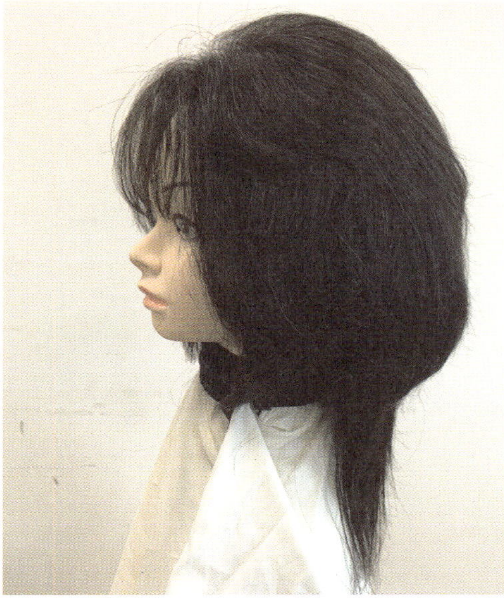
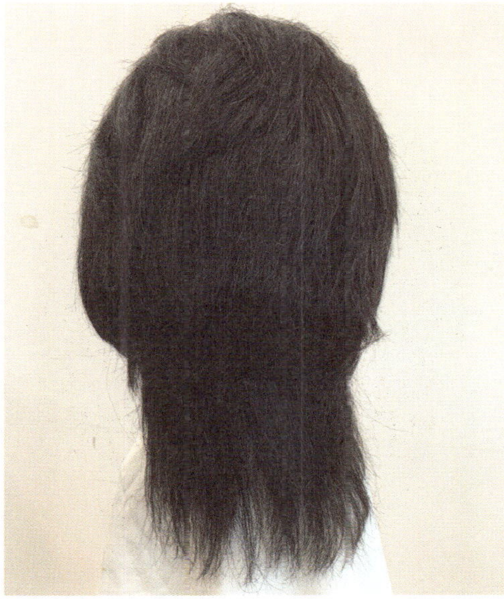

| 유니폼 레이어 + 인크리스 레이어 + 스퀘어 커트의 혼합형 |

- Y레벨의 연출에 따라 머리카락의 가닥가닥 방향과 흐름이 전혀 다르게 나타날 수 있음에 유의하여야 한다.

BLOCKING - X, Y, Z레벨로 나눈다. 형태선은 Convex

Y레벨

1 B.P에서 15cm 기준을 정하여 스퀘어로 자르고 On Base에서 나칭기법으로 자른다. E.B.P 부분에서 약간 사이드베이스로 가면서 사이드부분까지 사이드베이스로 자른다.

Z레벨

2 Y레벨을 기준으로 On Base로 자르되 슬라이드로 연결한다.

X레벨

3 X레벨 P.P부분을 유니폼레이어로 자르되 포인팅기법으로 자른다.

4 Top부분은 수직 파팅 유니폼레이어로 자르되 포인팅기법으로 자른다.

5 C.P에서 코 선을 기준으로 하여 사이드와 연결한다.

| 정면사진 |

MEMO

7

PART

솔리드+유니폼 레이어+스퀘어

- 솔리드와 유니폼 레이어, 스퀘어의 혼합형이다.
- 웨이브를 넣지 않는 스타일이 더 효과적이다.
- 무난하게 보이지만 세련된 느낌을 준다.

| 도해도 |

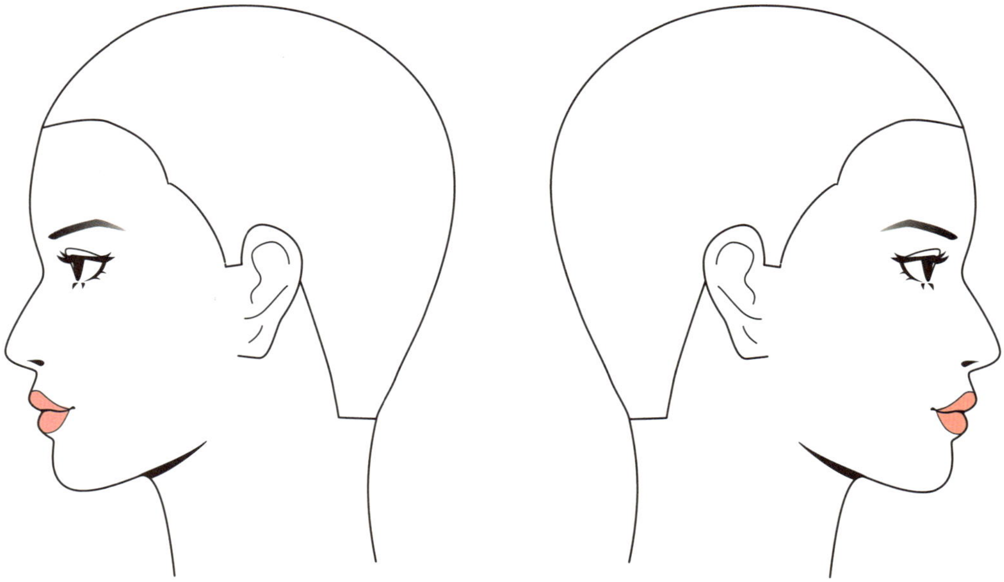

| 솔리드 + 유니폼 레이어 + 스퀘어 |

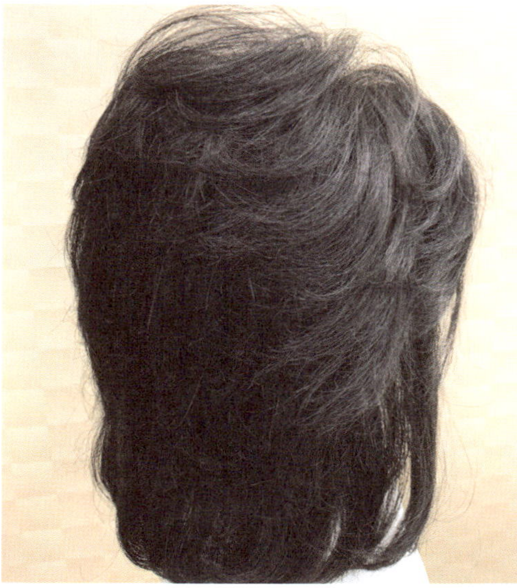

- 뒷모습은 솔리드형으로 약간의 무게감이 있지만 앞에는 레이어와 스퀘어로 커트되었기 때문에 어느 정도의 층이 형성된다. 그 층을 움직임있게 연출하면 보다 더 생동감을 느낄 수 있다.

BLOCKING - Convex 3등분

Z레벨

1 Z레벨의 N.P에서 11cm기준을 정하여 솔리드 수평라인 나칭기법으로 자른다.

2 C.P에서 14cm 기준을 정하여 Back 과 연결시킨다.

Y레벨

3 Y레벨에서 12cm 기준을 정하여, 유니폼 레이어, 나칭기법으로 자른다.

X레벨

4 X레벨을 스퀘어로 자른 후에 코너정리를 한다.

5 1번과 3번을 나칭기법으로 연결한다.

- 컨벡스 3등분을 잘 구분하여 한 구획씩 정성껏 커트한다. 윗머리와 연결하려고 하다가 자칫 무게감을 없애는 경우가 생기면 의도된 스타일로 연출되지 않을 수 있다.

| 정면사진 |

8

PART

Backward Bob 미디움 스타일

- A-Line 느낌이 드는 Bob Style의 세련된 도시형 스타일이다.

| 도해도 |

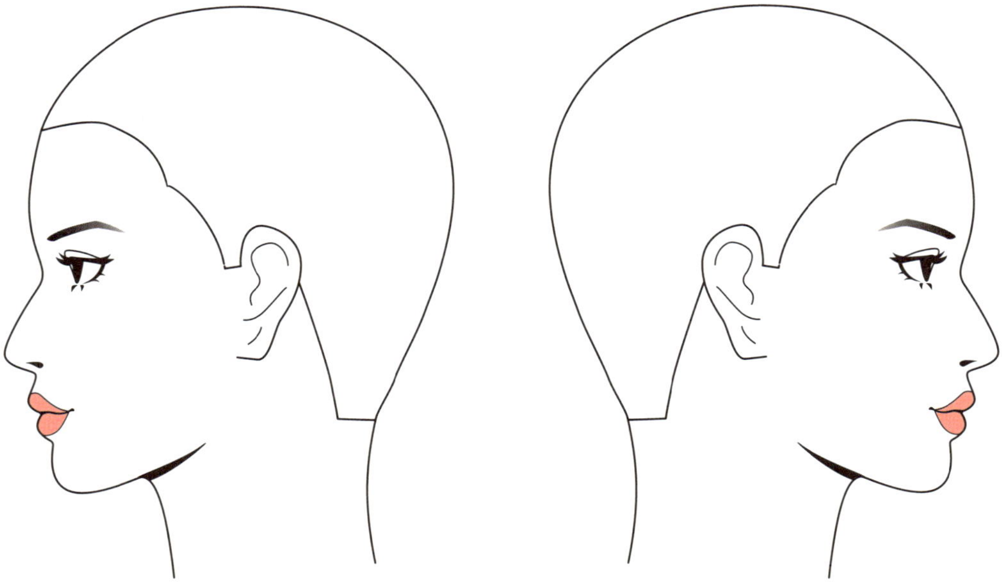

| Backward Bob 미디움 스타일 |

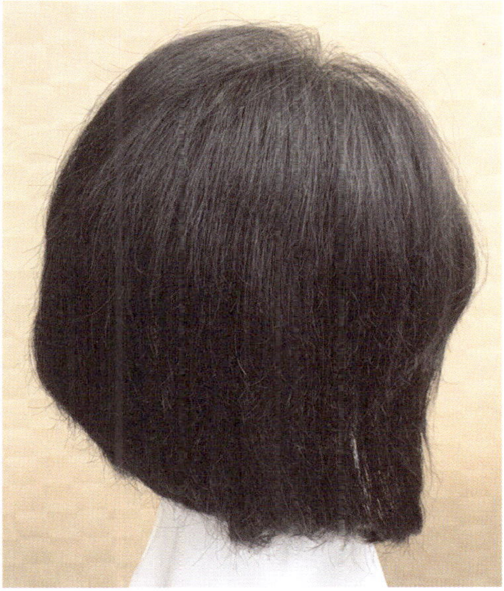

| Backward Bob 미디움 스타일 |

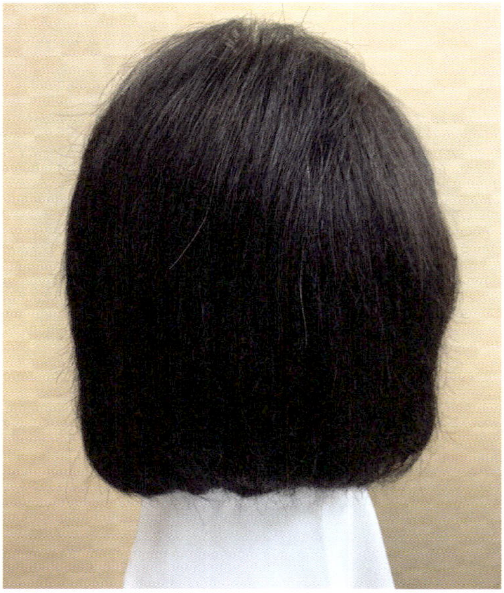

• 네이프에 무게감을 확실하게 해줄 때 Bob Style의 느낌을 연출할 수 있다. 무게감을 많이 원하지 않을 경우에는 Z레벨의 양을 줄여 커트하면 된다.

BLOCKING - X, Y, Z 레벨로 나눈다.

나누기 전에 먼저

1 N.P에서 8 ~ 9cm정도의 기준을 정하여 나칭기법으로 수평라인을 만든다.

2 C.P에서 전체 기장의 1/3 혹은 1/2로 기준을 정하여 Back과 연결해준다.
X, Y, Z레벨로 블로킹한다.

Y레벨

3 Y레벨의 G.P부분을 1/3 혹은 1/2로 기준을 정하여 스퀘어 나칭기법으로 자른다.
(On, On, Side, Side, Off, Side Base)

X레벨

4 G.P의 기준을 위로 올려, X ㄱ레벨 전체를 버티컬 파팅하여 뒤로 사이드베이스, 나칭기법으로 자른다.

Z레벨

5 전체적 흐름을 보고 귀 부분의 가장 짧은 기장을 기준으로 다시 수평라인을 만든다. Bob Style을 원할 경우에는 속머리를 1cm정도 짧게 잘라준다.

- X레벨의 부분이 뒤쪽으로 사이드베이스하여 커트하면 앞쪽0 전대각 유형을 연출하기가 좋다.
- Y레벨을 집중하여 주의깊게 커트해야 귀 있는 부분에서 실수를 줄일 수 있다.
- 귀 뒷부분은 Off Base하되 Back쪽으로 시술해야한다.

| 정면사진 |

MEMO

9

PART

솔리드+미디움 그래쥬에이션

- 솔리드와 미디움 그래쥬에이션 혼합형이다.
- Bob Style과 가벼운 느낌을 동시에 원할 때 시술하면 효과적인 스타일이다.

| 도해도 |

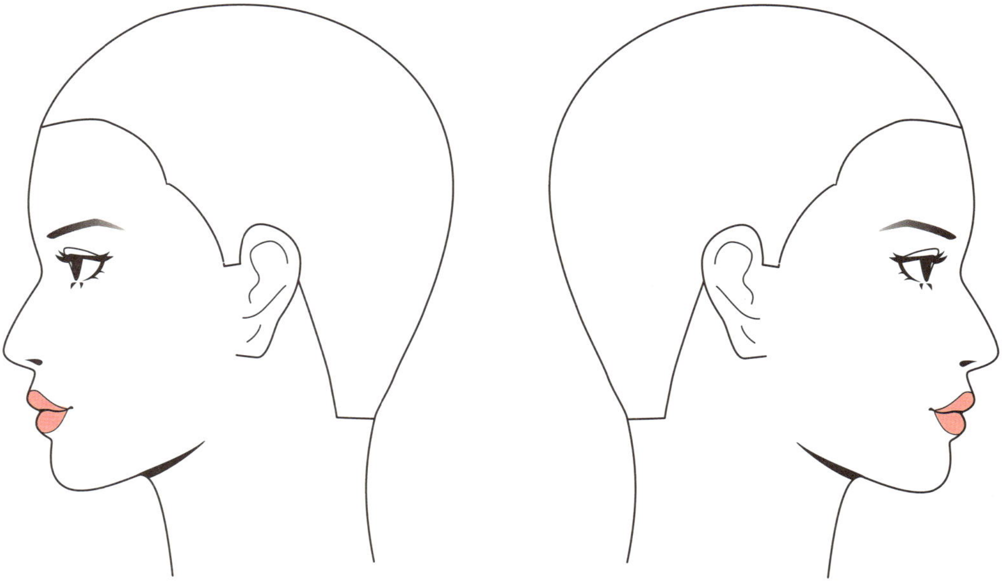

BLOCKING - 4등분(center line, ear to ear)

Back

1 B.P에서 귀 반선까지 A-Line으로 섹션을 나누고 N.P는 4cm, B.P는 8~9cm로 하여 인레이어, 방사선 파팅을 하면서 On Base 나칭기법으로 자른다.

2 1번을 가이드로 하여 A-Line, 파팅을 하면서 45° 미디움 그래쥬에이션, 나칭기법으로 커트한다.

Side

사이드는 Back의 기준에 맞추어 수평라인으로 자르되 나칭기법으로 자른다.

| 솔리드 + 미디움 그래쥬에이션 |

| 솔리드 + 미디움 그래쥬에이션 |

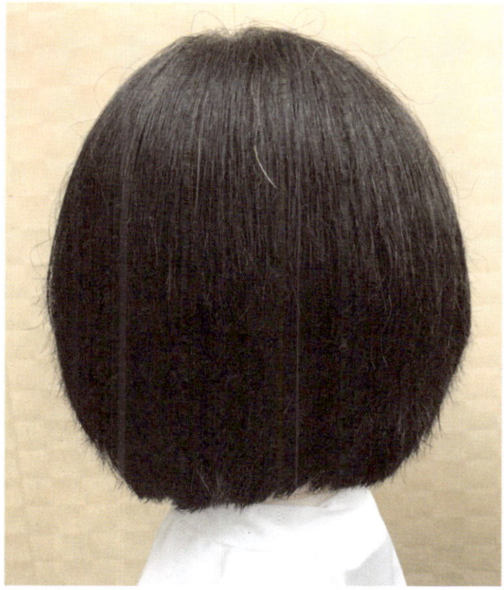

- Bob Style은 세련되고 도시적이면서도 포멀한 스타일로 정장차림과 어울린다. 웨이브를 연출하기보다는 롤 스트레이트 스타일로 볼륨감을 줄 때 풍성하면서 세련된 이미지를 연출할 수 있다.
- A-Line이 어느 지점에서 무게감을 주며 형성되는지 집중해서 연출한다. A-Line이미지를 연출하기 위해 파팅의 방향과 손가락의 위치에 특히 주의하여 커트한다.

| 정면사진 |

MEMO

10

PART

유니폼 레이어+그래쥬에이션 +인크리스 레이어 Disconnection

- 유니폼 레이어와 그래쥬에이션 인크리스 레이어의 혼합형으로 앞모습은 약간의 비대칭 이미지를 연출한다.
- 앞 부분의 비대칭이 어떻게 이루어지며 뒷부분의 디스커넥션이 어떻게 형성되는지 유의하여 시술하여야 한다. 젊고 발랄함을 더해주는 커트형이다.

| 도해도 |

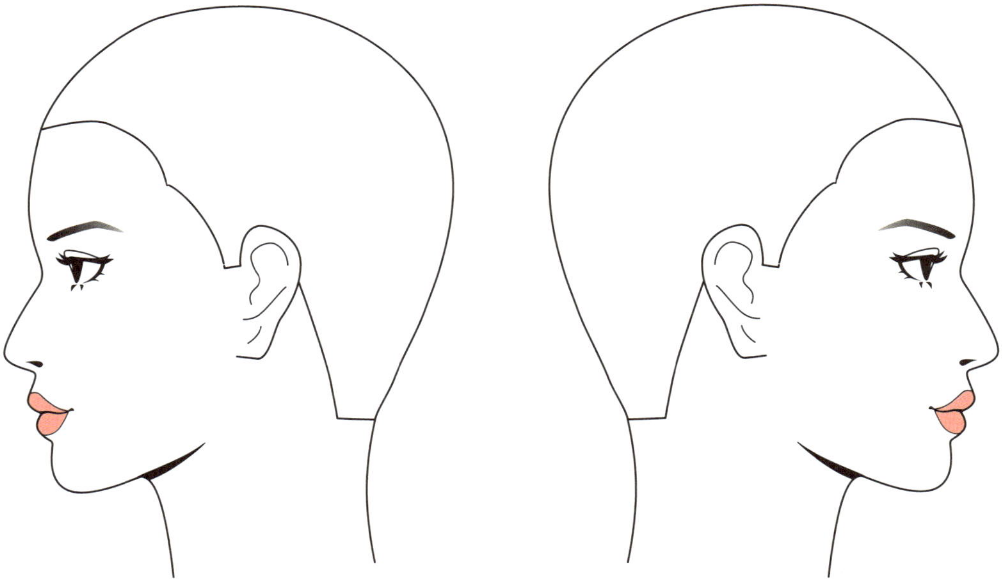

BLOCKING - X, Y, Z 레벨로 나눈다.

Z레벨

1 Z레벨 부분을 N.P에서 10~14cm 기준을 정하여 버티컬파팅 90° 직각분배 나칭기법으로 커트한다.

Y레벨

2 Back

- A부분은 G.P에서 12cm 기준을 정하여 버티컬파팅으로 떠서 On Base, 나칭기법으로 자르고 스퀘어로 자른다.
- B부분은 A를 기준으로 17cm정도 되게 손등을 수평으로 하여 슬라이드로 커트한다.

3 Side

- 왼쪽 : 버티컬파팅으로 떠서 On Base, 스퀘어로 자르고 A를 기준으로 나칭기법으로 자른다.
- 오른쪽 : Back의 B를 기준으로 슬라이드로 자른다.

X레벨

4 X레벨의 피봇포인트 부분은 유니폼레이어로 자른다.

5 TOP

- 왼쪽 : 이동 디자인라인 평면커팅한다.
- 오른쪽 : 왼쪽에 맞추어 비평행 슬라이드로 자른다.

6 프린지는 앞에서 보았을 때 왼쪽은 눈썹 끝, 오른쪽은 사이드와 자연스럽게 연결한다.

※ 질감처리

전체적으로 Bevel Up 베벨 업의 느낌이 들게 처리한다.
Front : 방향에 따라 사이드시닝(Side Thinning)

| 유니폼 레이어 + 그래쥬에이션 + 인크리스 레이어 Disconnection |

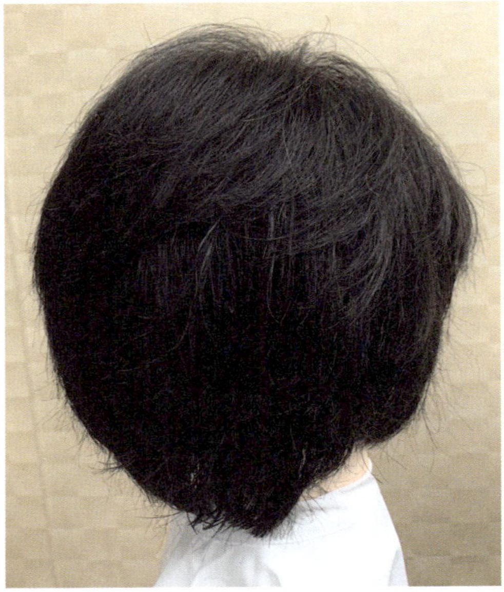

| 유니폼 레이어 + 그래쥬에이션 + 인크리스 레이어 Disconnection |

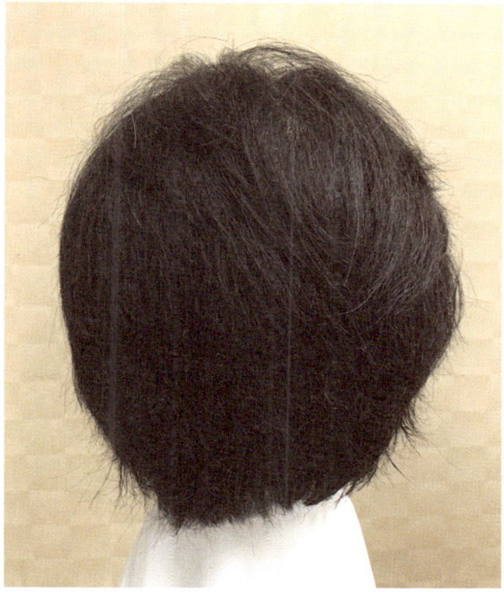

- Y레벨 부분에서 디스커넥션이 이루어지는 것에 유의한다.
- 짧은 길이와 긴 길이의 연결을 섬세하게 시술하여야 한다.
- 긴 부분을 겉말음으로 연출하면 더 효과적이다.

| 정면사진 |

MEMO

11

PART

그래쥬에이션 +인크레스레이어 미디움스타일

- 그래쥬에이션과 인크리스 레이어의 혼합형이다.
- 길이에 따라 다양하게 연출이 가능하다.

| 도해도 |

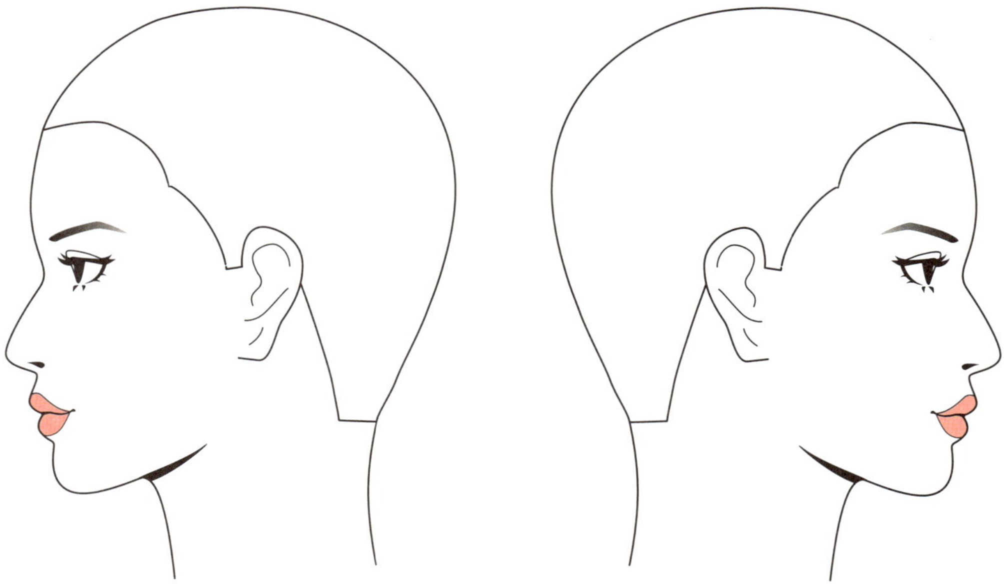

BLOCKING - X, Y, Z 레벨로 나눈다.
Z레벨 먼저 시술한다.

Z레벨

1 B.P에서 12cm 기준을 정하여 스퀘어 나칭기법으로 자르되 Or The Base로 커트한다.

Y레벨

2 Y레벨도 B.P를 기준으로 동일한 방법으로 자른다.

3 Side는 E.P(이어포인트)를 기준으로 고정 디자이 라인으로 하고 뒤쪽으로 가져와서 자른다.

X레벨

4 X레벨의 피봇포인트 부분은 평면커팅 나칭기법으로 자른다.

5 TOP부분은 T.P를 기준으로 하여 뒤쪽으로 Side Base사이드 베이스로 자른다.
혹은 고정 디자인라인으로 자른다. Crest(크레스트)부분은 각 처리해준다.

6 프린지는 C.P에서 12 ~ 13cm 기준을 정하여 사이드와 자연스럽게 연결한다.

| 그래쥬에이션 + 인크레스레이어 미디움스타일 |

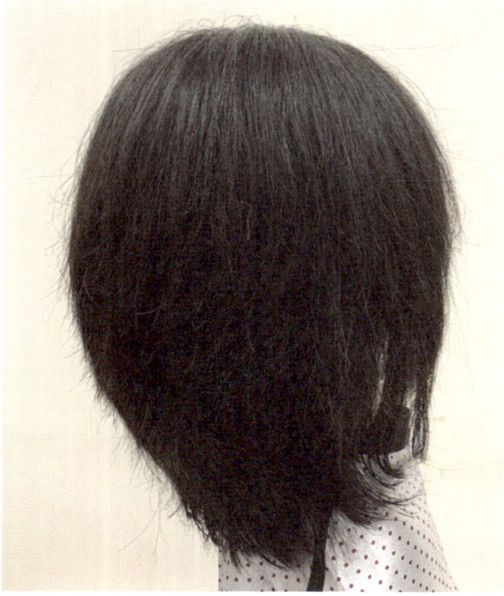

| 그래쥬에이션 + 인크레스레이어 미디움스타일 |

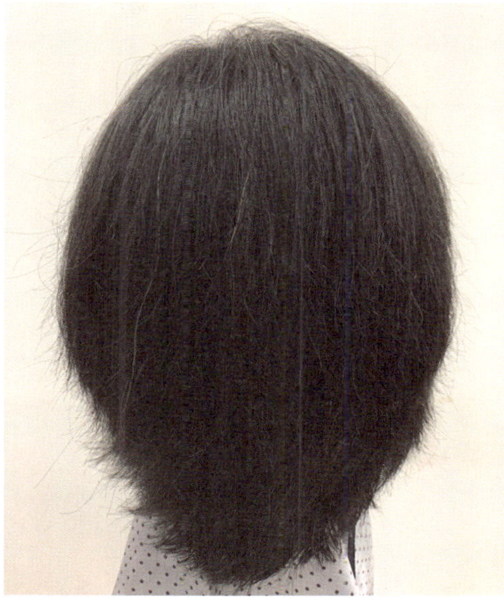

- 사이드 부분에서 고정 디자인 라인으로 시술하기 때문에 A-Line의 느낌을 줄 수 있다.
  Back의 Y레벨은 On Base 스퀘어로 시술하므로 두상의 모양에 따른 후대각의 느낌을 준다.
- 고객의 얼굴형에 따라 개성있는 여러 형태로 연출이 가능하다.

| 정면사진 |

MEMO

12

PART

전대각유형 A-Line 그래쥬에이션

- 방사선 파팅에 의해 그래쥬에이션을 시술하는 형태의 작품이다.
- 전대각 유형으로 나타나는 부분을 어떻게 강조할 것인가에 따라 여러 가지 이미지가 연출된다.

| 도해도 |

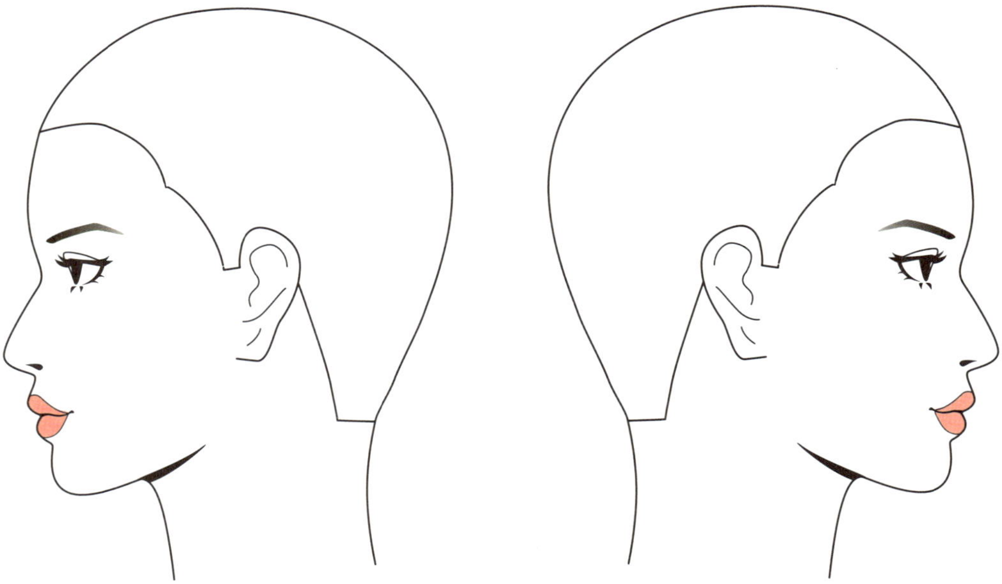

BLOCKING - Center Line(센터 라인) 2등분

1 O.P.(옥시피탈 포인트)에서 귀 뒤 반선까지 A-Line 으로 섹셔닝하여 방사선 파팅으로 On Base 온 베이스로 자르되 N.P(네이프 포인트)에서 3~5cm 기준을 정하고, O.P에서 8~10cm로 정하여 In Layer로 자른다.

2 O.P를 기준으로 In Layer로 자르는데 사이드 베이스로 커트한다

3 사이드까지 동일한 방법으로 커팅한다.(양쪽을 교차하면서 자르면 효과적이다.)

참고

- 위를 가볍게 하고 싶을 때는 톱 스퀘어로 자른다.
- 앞머리를 좀더 길게 하고 싶을 때는 톱을 사이드베이스로 자른다.
- 앞머리를 바람머리처럼 뒤로 넘기는 스타일을 원할 때에는 C.P에서 기준을 잡아 앞쪽에서 후대각 파팅으로 자른다.

| 전대각유형 A-Line 그래쥬에이션 |

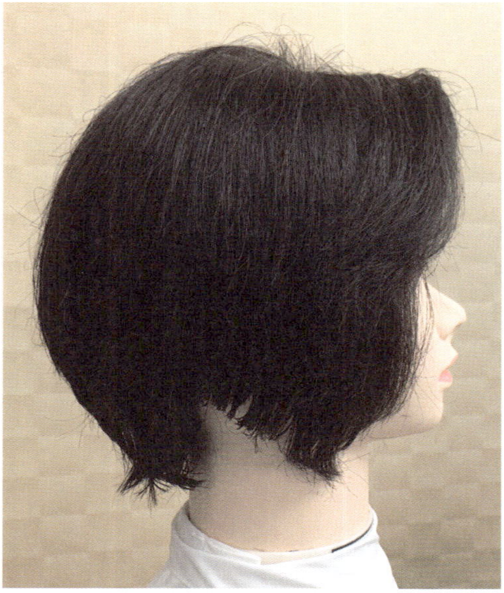

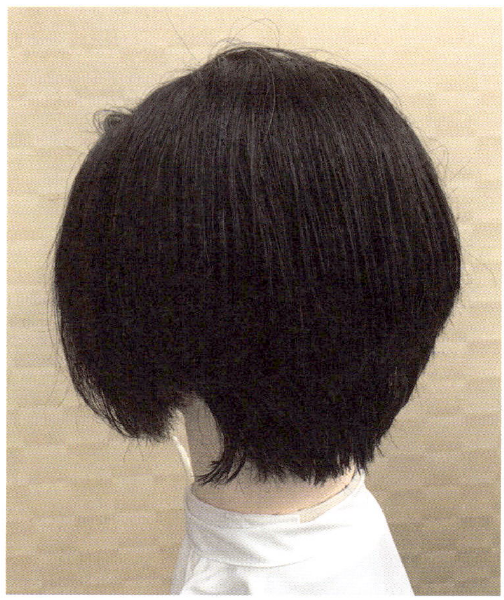

| 전대각유형 A-Line 그래쥬에이션 |

 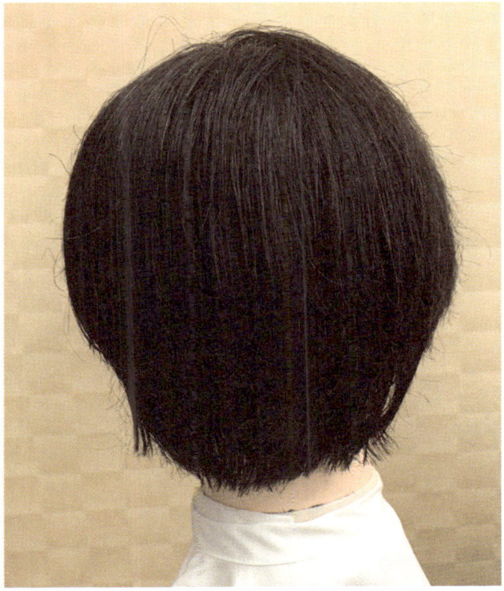

- 방사선 파팅과 손가락의 모양을 파팅의 모양과 동일하게 하되 인 레이어로 시술해야 한다.
- 사이드쪽은 방사선 파팅이지만 다운시켜서 전대각 유형을 만들면서 시술해야 한다는 것을 의미한다.

| 정면사진 |

MEMO

13

PART

숏 스타일 솔리드+그래쥬에이션

- 솔리드와 그래쥬에이션의 혼합형이다.
- 사이드 부분을 완전히 솔리드형 수평라인으로 시술하여 앞과 뒤의 이미지가 다르게 연출되는 것이 특징이다.
- 밥 스타일의 무게감을 확실하게 해주고, 그래쥬에이션 부분도 확실하게 그래쥬에이션이 되게 커트해야 혼합형의 특징이 연출된다.

| 도해도 |

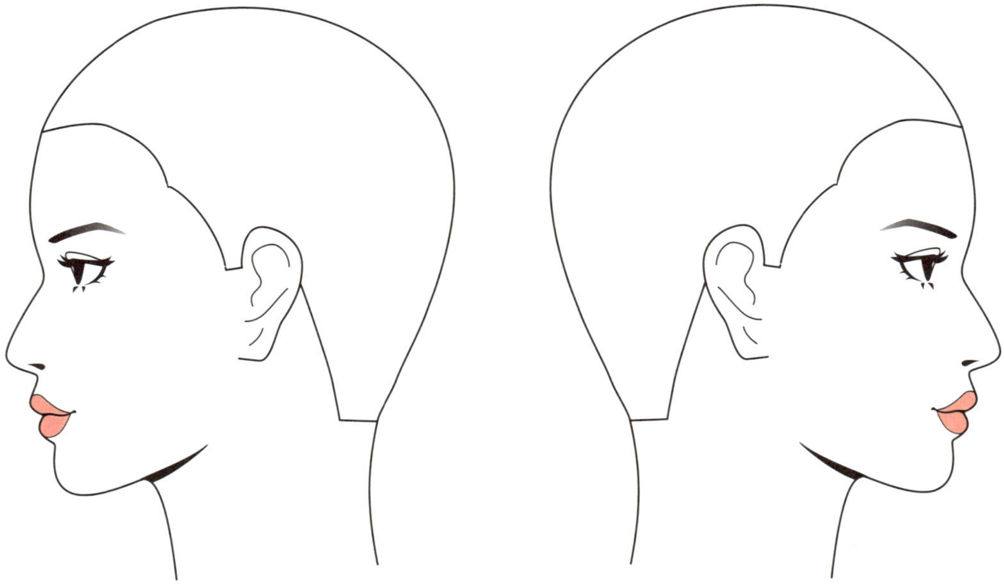

BLOCKING - Center Line(센터 라인) 2등분, Ear to Ear

1 O.P에서 귀 뒤 반선까지 A-Line으로 섹셔닝하여 방사선파팅으로 On Base로 자르되 N.P에서 3 ~ 5cm 기준을 정하고 O.P에서 7 ~ 8cm로 정하여 In Layer로 자른다.

2 동일한 방법으로 O.P를 기준으로 In Layer로 자르면서 사이드베이스로 자른다. 원래 기준보다 약간 길게 하면서 A-Line을 만든다. 나칭기법으로 자른다.

3 Natural Fall(내추럴 폴)로 하여 2번과 연결하되 2번보다 조금 길게 자른다.

4 Side는 Back의 기준에 맞추어 0도로 하여 수평라인으로 나칭기법으로 커트한다.

5 프린지를 짧게 하고자 할 때는 C.P에서 혹은 F.S.P에서 기준을 정하여 Side와 자연스럽게 연결해주고 T.P로 끌어올려 튀어나온 부분은 정리해준다.

I 숏 스타일 솔리드 + 그래쥬에이션 I

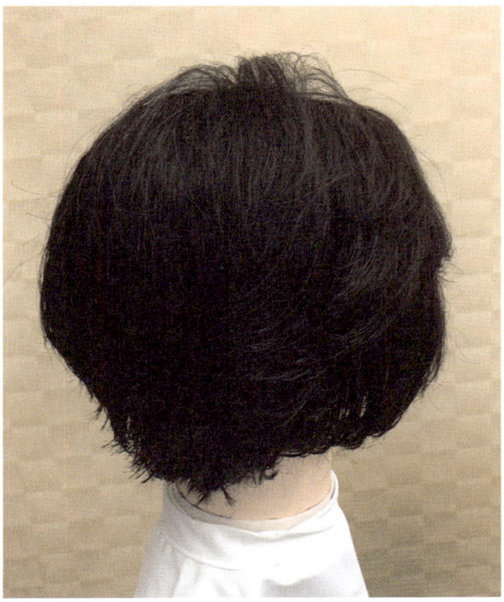

| 숏 스타일 솔리드 + 그래쥬에이션 |

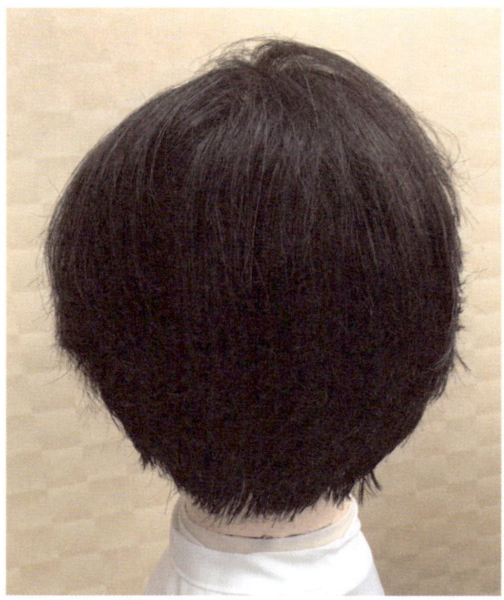

| 정면사진 |

14

PART

숏 스타일 스퀘어+그래쥬에이션

• 스퀘어와 그래쥬에이션의 혼합형이다.

• 네이프 부분의 스퀘어는 길이와 라인을 조정하여 여러 형태의 디자인을 연출할 수 있다.

BLOCKING - X, Y, Z 레벨로 나눈다.

Z레벨

1 B.P 3 ~ 5cm 기준을 정하여 버티컬 파팅으로 하여 스퀘어 나칭기법으로 자르되 On, On, Side, Side로 커트한다.

Y레벨

2 Y레벨도 O.P(옥시피탈 포인트)를 기준으로 버티컬 파팅으로 하여 In Layer로 자르되 On, On, Side, Side, Off 나칭기법으로 자른다.

X레벨

3 X레벨의 피봇포인트 부분은 G.P DHK T.P(탑포인트)를 수평으로하여 In Layer 혹은 스퀘어로 나칭기법으로 자른다.

4 TOP부분은 튀어나온 부분을 정리한다.

5 프린지는 C.P에서 12 ~ 13cm 기준을 정하여 Side와 자연스럽게 연결한다.

| 도해도 |

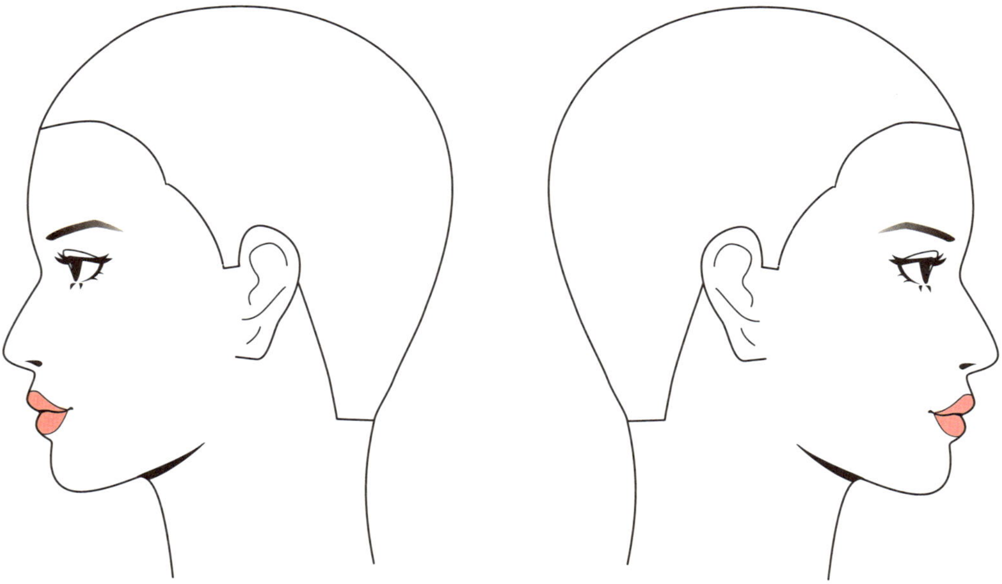

| 숏 스타일 스퀘어 + 그래쥬에이션 |

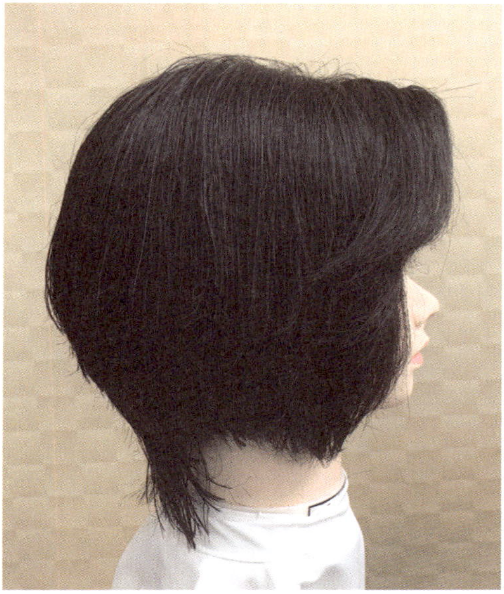

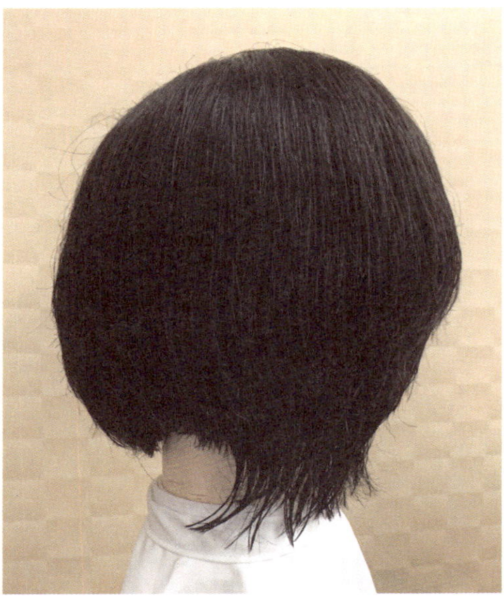

| 숏 스타일 스퀘어 + 그래쥬에이션 |

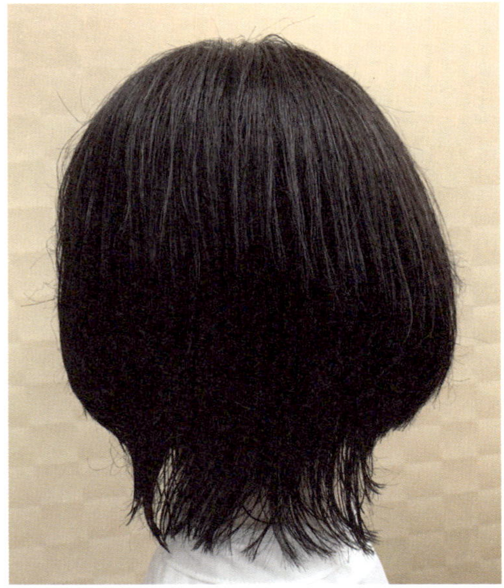

| 정면사진 |

MEMO

MEMO

MEMO